U0325686

选材版

突破经典家装案例集

第2季

TUPO JINGDIAN JIAZHUANG ANLIJI

突破经典家装案例集第2季编写组　编

卧室、书房、厨房、卫浴

机械工业出版社
CHINA MACHINE PRESS

对于每个家庭来说，家庭装修不仅要有好的设计，材料的选择更为重要，设计效果最终还是要通过材质来体现。要想选到质量好又适合自己的装修材料，了解装修材料的特点以及如何进行识别、选购，显然已成为业主考虑的重点。“突破经典家装案例集第2季”包含了大量优秀家装设计案例，包括《背景墙》《客厅》《餐厅、玄关走廊》《卧室、书房、厨房、卫浴》《隔断、顶棚》五个分册。每个分册穿插材质的特点及选购等实用贴士，言简意赅，通俗易懂，让读者对自己家装所需要的材料色彩、造型有更直观的感受，在选材过程中更容易选到称心的装修材料。

图书在版编目（CIP）数据

突破经典家装案例集．第2季．卧室、书房、厨房、卫浴 / 突破经典家装案例集第2季编写组编．— 2版．—北京：机械工业出版社，2017.3
ISBN 978-7-111-56403-4

Ⅰ．①突… Ⅱ．①突… Ⅲ．①住宅－室内装修－建筑设计－图集 Ⅳ．①TU767-64

中国版本图书馆CIP数据核字(2017)第059691号

机械工业出版社（北京市百万庄大街22号　邮政编码 100037）
策划编辑：宋晓磊　　责任编辑：宋晓磊
责任印制：李　飞　　责任校对：白秀君
北京新华印刷有限公司印刷

2017年4月第2版第1次印刷
210mm × 285mm · 6印张 · 190千字
标准书号：ISBN 978-7-111-56403-4
定价：29.80元

凡购本书，如有缺页、倒页、脱页，由本社发行部调换
电话服务　　网络服务
服务咨询热线：010-88361066　　机工官网：www.cmpbook.com
读者购书热线：010-68326294　　机工官博：weibo.com/cmp1952
010-88379203　　金书网：www.golden-book.com
教育服务网：www.cmpedu.com

目录 Contents

卧室

床的选择/01

床与床垫是保证睡眠的重点，所以选个好床是十分必要的……

床品选购的注意事项/07

要选择舒适的面料……

卧室窗帘的选择/13

私密性是卧室的重要特征之一……

卧室地毯的选购/19

在选购卧室地毯的时候要注意，不论何种质地的地毯……

卧室壁灯的选购/25

卧室壁灯的灯罩透明度要好……

皮革软包的特点/31

皮革软包是一种在室内墙表面用柔性材料……

书房

榻榻米的特点/37

榻榻米一年四季都可以铺在地上供人坐或卧……

榻榻米的选购/43

1.外观。榻榻米的外观应平整挺拔……

踢脚线的特点/49

踢脚线在家居美观的比重上占有相当大的比例……

厨房

百叶窗的特点/55

百叶窗比百叶帘宽，一般用于室内、室外的遮阳处及通风处……

百叶窗的选购/61

在选购百叶窗时，最好先触摸一下百叶窗的窗棂片……

人造石台面的特点/67

人造石台面是一种复合材料，是用不饱和聚脂树脂与填料……

卫浴

钢化玻璃的特点/73

钢化玻璃属于安全玻璃，它是一种预应力玻璃……

马桶的选购/79

市面上大量的马桶产品是针对300mm和400mm坑距的……

面盆的选购/85

市面上面盆的种类、款式及造型非常丰富。面盆按造型可分为台上盆……

淋浴房的特点/91

在淋浴区与洗漱区中间安装一组玻璃拉门……

选材版

床的选择

床与床垫是保证睡眠的重点，所以选个好床是十分必要的。床架主要有金属和木制两种，现在有很多采用布艺外包，让床的触感更舒适，而且不会在上下床时磕碰到身体，起到很好的保护作用。床板主要有排骨架和木板两种，带有符合人体工程学的排骨架是目前普遍认为比较好的床架，能根据人体的曲线起到相应的支撑作用。床垫主要分弹簧床垫和乳胶床垫。乳胶床垫的弹力好，天然乳胶有透气功能。弹簧床垫种类很多，现在流行的独立弹簧床垫，一个人在床上翻动时不会影响到另一个人的睡眠。床不能过高或过矮，褥面距离地面最好为46~50cm，如果过高，上下床不方便；如果过矮，则易在睡眠时吸入地面灰尘，不利于健康。

卧 室

布艺软包

布艺软包

艺术地毯

石膏顶角线

木质踢脚线

有色乳胶漆
灰色玻化砖

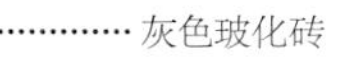

有色乳胶漆
木质踢脚线

胡桃木饰面板

有色乳胶漆

车边银镜

装饰银镜

白枫木百叶

艺术地毯

白枫木装饰线

有色乳胶漆

有色乳胶漆

木质踢脚线

布艺软包

艺术地毯

有色乳胶漆

红樱桃木饰面板

布艺软包

有色乳胶漆

条纹壁纸

强化复合木地板

石膏顶角线

艺术地毯

有色乳胶漆

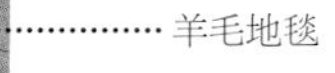

羊毛地毯

木纤维壁纸

强化复合木地板

有色乳胶漆

羊毛地毯

床品选购的注意事项

要选择舒适的面料，最好选择采用环保染料印染的纯棉高密度的或真丝等质地柔软的面料，这些面料手感好，保温性能强，也便于清洗。注重装饰效果，营造舒适、温馨的居室氛围是人们挑选寝具的一个原则。选择寝具色彩时除了考虑自己的喜好外，还要考虑与周围的环境是否协调。选择床上用品款式是体现个性化的关键，要与床的样式联系起来考虑。如果床底杂物较多，可用床罩遮掩、修饰。此外，还可搭配一些布垫和毯子，使床具与房间的布置格调一致。

有色乳胶漆

石膏顶角线

艺术地毯

密度板拓缝

有色乳胶漆

布艺软包

混纺地毯

布艺软包

强化复合木地板

木质踢脚线

白色乳胶漆

白色乳胶漆

仿皮纹壁纸

白松木板吊顶

装饰银镜

装饰灰镜

灰白色网纹玻化砖

手绘墙饰

艺术地毯

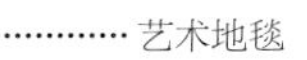

木质踢脚线

白枫木百叶

皮革软包

强化复合木地板

装饰灰镜

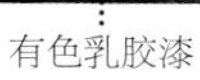

有色乳胶漆

白枫木装饰线

白枫木饰面板

艺术地毯

强化复合木地板

木质顶角线混油

羊毛地毯

白枫木装饰线

木质踢脚线

手绘墙饰

选材版

卧室窗帘的选择

私密性是卧室的重要特征之一。如果卧室窗户与其他业主家的窗口“对峙”，卧室的窗帘则要求厚重，以保证卧室的私密性。一般小房间的窗帘应以简洁的式样为好，防止空间因窗帘的繁杂而显得更加窄小。对于大居室，适宜采用大方、气派、精致的窗帘式样。至于窗帘的宽度尺寸，一般以两侧比窗户各宽出100mm左右为好，而其长度应视窗帘式样而定，不过短式窗帘也应该长于窗台底线200mm左右为宜，落地窗帘一般应距地面20~30mm。

布艺软包

白松木板吊顶

艺术地毯

白枫木装饰线

石膏装饰浮雕

布艺软包

木质踢脚线

有色乳胶漆

混纺地毯

木质搁板

皮革软包

布艺软包

皮革软包

布艺软包

车边灰镜

白枫木装饰线

有色乳胶漆

白枫木装饰线

羊毛地毯

石膏顶角线

有色乳胶漆

白枫木装饰线

布艺软包

有色乳胶漆

白枫木饰面板

有色乳胶漆

胡桃木百叶

实木地板

有色乳胶漆

木质踢脚线

白枫木饰面板

强化复合木地板

石膏顶角线

强化复合木地板

卧室地毯的选购

在选购卧室地毯的时候要注意，不论何种质地的地毯，质量好的地毯都是平整、无破损、无污渍、无褶皱的，色差、条痕及修补痕迹也不明显，并且毯边是没有卷曲的。用拇指按压地毯，抬起手指后，能够迅速恢复原状的，表明织的密度和弹性都较好。还有一种方法就是把地毯折弯，如果是不容易看见底垫的，就表示毛绒织得较密，越密就越耐用。在不同的光线下，所看到的地毯颜色是不同的，所以应注意查看其颜色；而且地毯的染色也要均匀一致，如部分国产地毯的羊毛纤维比较短，颜色偏黄，它的色泽度就会相对差些。

布艺软包

强化复合木地板

装饰茶镜

混纺地毯

无纺布壁纸

木质踢脚线

泰柚木饰面板

红樱桃木装饰线

强化复合木地板

混纺地毯

布艺软包

实木顶角线

白枫木百叶
强化复合木地板

皮革软包
实木地板

石膏顶角线

强化复合木地板

有色乳胶漆

强化复合木地板

红松木板吊顶

有色乳胶漆

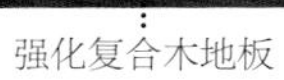
强化复合木地板

艺术地毯

白色乳胶漆

水曲柳饰面板

艺术地毯

木质搁板

胡桃木百叶

木质搁板

金属壁纸

布艺软包

布艺软包

有色乳胶漆

卧室壁灯的选购

卧室壁灯的灯罩透明度要好，造型和花纹要与墙及室内的装修风格协调。另外，壁灯的支架应该选择不易氧化和生锈的产品，外层镀色要均匀、饱满。壁灯的光照度不宜过大，一般家庭使用灯泡或灯管的功率都不适宜超过100W，而且规格要适宜。在大的房间里，可以安装双头壁灯，小房间内则可安装单头壁灯。另外，空间大的居室，应该选用厚型壁灯，空间相对小的可选薄型壁灯。为安全起见，最好不要选择灯泡距墙面过近或无隔罩保护的壁灯。

强化复合木地板

装饰灰镜

白枫木饰面板

皮革软包

红樱桃木饰面板

实木地板

强化复合木地板

仿木纹地砖

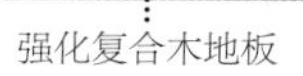

混纺地毯

强化复合木地板

强化复合木地板

白枫木饰面板

混纺地毯

有色乳胶漆

皮革软包

泰柚木饰面板

白枫木装饰线

强化复合木地板

布艺软包

木质搁板

强化复合木地板

胡桃木装饰线

艺术地毯

白枫木装饰线

布艺软包

强化复合木地板

PVC壁纸

实木雕花

有色乳胶漆

条纹壁纸

混纺地毯

印花壁纸

强化复合木地板

皮革软包

艺术地毯

选材版

皮革软包的特点

皮革软包是一种在室内墙表面用柔性材料加以包装的墙面装饰方法。它所使用的材料质地柔软，色彩柔和，能够柔化整体空间氛围，其纵深的立体感也能提升家居档次。除了具有美化空间的作用外，更重要的是它具有吸声、隔声、防潮、防霉、抗菌、防水、防油、防尘、防污、防静电、防撞的功能。

皮革软包

白色乳胶漆

红樱桃木饰面板

泰柚木饰面板

红樱桃木饰面板

强化复合木地板

皮革软包

仿古砖

有色乳胶漆

白色波浪板

白枫木饰面板

有色乳胶漆

艺术地毯

密度板雕花

木质踢脚线

有色乳胶漆

强化复合木地板

白色乳胶漆

强化复合木地板

白枫木百叶

皮革软包

木质搁板

米色仿大理石砖

白枫木装饰线

有色乳胶漆

茶色烤漆玻璃

车边银镜

混纺地毯

红樱桃木饰面板

红樱桃木百叶

红樱桃木饰面板

艺术地毯

有色乳胶漆

混纺地毯

强化复合木地板

皮革软包

榻榻米的特点

榻榻米一年四季都可以铺在地上供人坐或卧。榻榻米主要是木质结构，面层多为蔺草，冬暖夏凉，具有良好的透气性和防潮性，有着很好的调节空气湿度的作用。喜欢休闲风格的业主，可以设计一个榻榻米，用来下棋消遣或者喝茶、聊天。

书 房

白枫木百叶

强化复合木地板

强化复合木地板

有色乳胶漆

强化复合木地板

白色乳胶漆

陶瓷锦砖

实木雕花顶角线描金

桦木饰面板

钢化玻璃

强化复合木地板

压花玻璃

木质踢脚线

强化复合木地板

石膏顶角线

强化复合木地板

木质踢脚线

水曲柳饰面板

木质踢脚线

白枫木饰面板

实木地板

布艺卷帘

水曲柳饰面板

强化复合木地板

铝制百叶

木质搁板

强化复合木地板

木质搁板

木质踢脚线

木质踢脚线

白色乳胶漆

选材版

榻榻米的选购

1.外观。榻榻米的外观应平整挺拔。

2.表面。榻榻米的表面若是呈绿色，表面的草席紧密均匀，而且紧绷，使用双手将其向中间紧拢，不留缝隙的就是质量好的榻榻米。

3.草席。草席接头处，“丫”形缝制应斜度均匀，棱角分明。

4.包边。包边的针脚应均匀，用米黄色维纶线缝制，棱角如刀刃。

5.底部。底部应有防水衬纸，采用米黄色维纶线缝制，无跳针线头，通气孔均匀。

6.厚度和硬度。四周边的厚度应相同，硬度应相等。

劣质榻榻米的表面有一层发白的泥染色素，粗糙且容易褪色。填充物的处理如果不到位，会使草席内掺杂灰尘、泥沙。榻榻米的硬度如果不够，则易变形。

白枫木百叶

有色乳胶漆

红樱桃木饰面板

艺术地毯

有色乳胶漆

木质搁板

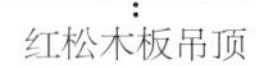

红松木板吊顶

强化复合木地板

木质踢脚线

白色乳胶漆

艺术地毯

木质踢脚线

有色乳胶漆

装饰茶镜

白枫木饰面板

艺术地毯

木纤维壁纸

羊毛地毯

木质搁板

木质踢脚线

条纹壁纸

铝制百叶

米色玻化砖

木质踢脚线

木质搁板

强化复合木地板

木质搁板

强化复合木地板

水曲柳饰面板

强化复合木地板
石膏顶角线

木质踢脚线

米色亚光玻化砖

强化复合木地板

有色乳胶漆

踢脚线的特点

踢脚线在家居美观的比重上占有相当大的比例，它是地面的轮廓线，人们的视线会很自然地落在上面。踢脚线与阴角线、腰线一起起着视觉的平衡作用，利用它们的线形感觉及材质、色彩等，在室内相互呼应，可以起到较好的美化装饰效果。踢脚线还具有保护功能，可以更好地使墙体和地面之间结合牢固，减少墙体变形，避免外力碰撞造成破坏。另外，踢脚线也比较容易擦洗，如果拖地溅上脏水，擦洗非常方便。

木质踢脚线

强化复合木地板

艺术地毯

木质踢脚线

强化复合木地板

木质搁板

木质搁板

石膏顶角线

艺术地毯

有色乳胶漆

强化复合木地板

木质搁板

仿古砖

密度板雕花贴银镜

彩绘玻璃

实木地板

红樱桃木饰面板

木质踢脚线

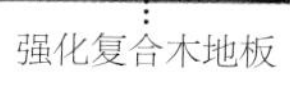

强化复合木地板

实木雕花隔断

桦木饰面板

磨砂玻璃

灰镜装饰线

有色乳胶漆

密度板雕花贴清玻璃

车边银镜

有色乳胶漆

黑色烤漆玻璃

强化复合木地板

米色玻化砖

木质踢脚线

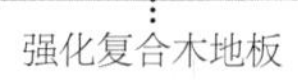

强化复合木地板

人造大理石踢脚线

强化复合木地板

艺术地毯

选材贴

百叶窗的特点

百叶窗比百叶帘宽，一般用于室内、室外的遮阳处及通风处。现在已为越来越多人认同的百叶幕墙也是从百叶窗进化而来的。百叶窗以叶片的摆动方向来阻挡外界视线，采光的同时阻挡了由上至下的外界视线。百叶窗层层叠覆式的设计保证了家居的私密性。而且，百叶窗封闭时就如多了一扇窗，能起到隔声、隔热的作用。

木质百叶

胡桃木装饰横梁

铝制百叶

釉面墙砖

白松木板吊顶

米色亚光地砖

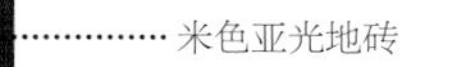

白色人造石台面

铝制百叶

石膏顶角线

仿古砖

铝制百叶

米黄色网纹抛光墙砖

釉面墙砖

黑色人造石台面

白枫木装饰线

釉面墙砖

白色人造石台面

铝制百叶

白色亚光墙砖

釉面墙砖

三聚氰胺饰面板

白色人造石台面

釉面墙砖

木纹砖

米色抛光墙砖

釉面墙砖

红砖

直纹斑马木饰面橱柜

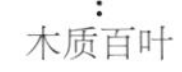

木质百叶

云纹抛光墙砖

选材贩

百叶窗的选购

在选购百叶窗时，最好先触摸一下百叶窗的窗棂片，看其是否平滑，看看每一个叶片是否有毛边。一般来说，质量优良的百叶窗在叶片细节方面处理得较好。若质感较好，那么它的使用寿命也会较长。需要结合室内环境来选择搭配合适的款式和颜色。同时还要结合使用空间面积进行选择。如果作为分隔厨房与客厅空间的小窗户，建议选择平开式。

铝制百叶

木质百叶

白色亚光地砖

磨砂玻璃

黑色烤漆橱柜

铝制百叶

米色亚光地砖

米黄色云纹亚光墙砖

艺术腰线

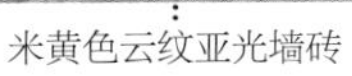

玻璃砖

陶瓷锦砖

木纹砖

米色抛光墙砖

釉面墙砖

浅咖啡色网纹大理石台面

米色网纹玻化砖

釉面墙砖

艺术腰线

釉面墙砖

白色人造石台面

木纹砖

米黄色网纹玻化砖

茶色烤漆橱柜

釉面墙砖

古砖

彩色釉面墙砖

仿古砖

木纹砖

米色亚光墙砖

仿古砖

米色亚光墙砖

强化复合木地板

仿古砖

灰白色网纹亚光墙砖

点

中复合材料，是用不饱和聚脂
，加入少量引发剂，经一定的
制造过程中配以不同的色料，
可制成具有色 丽、光泽如玉、酷似天然大理石的制品。人造石台面易打理，且非常耐磨、抗渗透力强，没有接缝，烹饪过后打扫起来省时又省力，因此非常适合喜好中餐的家庭。

米白色抛光墙砖

米色亚光墙砖

木纹墙砖

爵士白大理石

米色亚光地砖

陶瓷锦砖

三聚氰胺饰面板
铝制百叶

釉面地砖

米白色抛光墙砖

直纹斑马木饰面橱柜

仿古砖

白色亚光地砖

米黄色亚光墙砖

米色亚光玻化砖

艺术墙砖

米色人造石台面

彩色釉面墙砖

米色亚光玻化砖

镜面锦砖

有色乳胶漆

铝制百叶

仿古砖

灰白色网纹玻化砖

铝扣板吊顶

人造石台面

米黄色亚光墙砖

米色抛光墙砖

彩色釉面墙砖

仿古砖

陶瓷锦砖

釉面墙砖

铝制百叶

选材版

钢化玻璃的特点

钢化玻璃属于安全玻璃，它是一种预应力玻璃。为了提高玻璃的强度，通常使用化学或物理的方法，在玻璃表面形成压应力，玻璃承受外力时会抵消表层应力，从而提高其承载能力，增强玻璃自身的抗风压性、寒暑性及冲击性等。钢化后的玻璃不能再进行切割和加工，因此玻璃在钢化前就要加工至需要的形状，再进行钢化处理。如果计划使用钢化玻璃，则需测量好尺寸后再购买，以免尺寸不合适而造成浪费。

爵士白大理石

钢化玻璃

钢化玻璃

仿洞石亚光地砖

浅棕色全抛釉面墙砖

白松木板吊顶

铝制百叶

陶瓷锦砖

艺术腰线

钢化玻璃

木纹砖

陶瓷锦砖

仿洞石墙砖

有色乳胶漆弹涂

艺术腰线

黑白根大理石

人造大理石台面

米色大理石

红色烤漆玻璃

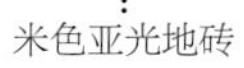

米色亚光地砖

铝制百叶

仿洞石墙砖

白枫木百叶

钢化玻璃

仿古砖

艺术墙砖

米色网纹亚光墙砖

陶瓷锦砖

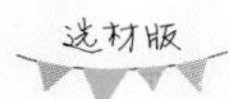

马桶的选购

市面上大量的马桶产品是针对300mm和400mm坑距的，在购买马桶时需要把这个数据提供给商家，坑距误差不能超过1cm，否则马桶便无法安装。可自行测量，以马桶靠墙一面至下水管中心水平纵向为测量依据。马桶除了实用功能外，还可以起到装饰卫浴间的作用，因此它的色彩应与面盆及卫浴间的整体色调保持一致。致密性越高的马桶产品，光泽度越高，就越容易清洁卫生。为了节约成本，不少马桶的返水弯里没有釉面，有的则使用了封垫，这样的马桶容易堵塞、漏水。购买时可以询问卖家排污口是否施釉，或者自己检查，把手伸进排污口，摸一下返水弯内是否有釉面。釉面差的容易挂污，合格的釉面一定是手感细腻的。可重点摸釉面转角的地方，如果釉面薄，在转角的地方就会不均匀，摸起来就会很粗糙。

仿古砖

陶瓷锦砖拼花

直纹斑马木饰面板

仿古砖

陶瓷锦砖

艺术腰线

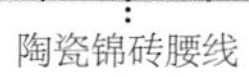

陶瓷锦砖腰线

黄松木板吊顶

米色网纹大理石

木纹大理石

陶瓷锦砖拼花

木纹砖

彩色釉面墙砖

仿木纹大理石

车边银镜

米色网纹大理石

木纹墙砖

竹木饰面板

陶瓷锦砖

釉面墙砖

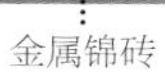

金属锦砖

仿古墙砖

爵士白大理石

釉面墙砖

彩色釉面墙砖

艺术腰线

灰色亚光墙砖

爵士白大理石

彩色釉面墙砖

米黄色网纹亚光墙砖

陶瓷锦砖拼花

钢化玻璃

选材版

面盆的选购

市面上面盆的种类、款式及造型非常丰富。面盆按造型可分为台上盆、台下盆、挂盆、立柱盆和碗盆等；按材质可分为玻璃盆、不锈钢盆和陶瓷盆等。面盆价格相差悬殊，档次分明。影响面盆价格的主要因素是品牌、材质与造型。在选购面盆时应慎重，面盆太浅，会水花四溅；面盆太深，使用不便。如果只考虑实用性而忽略设计，则不会产生好的装饰效果；而选择设计太过花哨的款式，一旦与整体空间风格不搭，又会影响整个居室的装修效果。建议从性能、浴室面积、浴室风格及性价比等多方面综合考虑。

艺术墙砖

艺术腰线

米黄色网纹玻化砖

仿洞石墙砖

白色亚光墙砖

陶瓷锦砖

米黄色大理石

米白色亚光墙砖

米色网纹抛光墙砖

米黄色网纹仿大理石砖

拉丝钢化玻璃　木纹砖

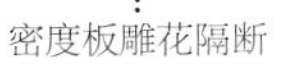

密度板雕花隔断

米黄色亚光墙砖

木纹砖

玻璃锦砖

白色亚光墙砖

艺术腰线

直纹斑马木饰面板

彩色釉面墙砖

钢化玻璃

米黄色洞石

仿木纹大理石

黑白根大理石台面

陶瓷锦砖

白色亚光地砖

米黄色仿大理石砖

爵士白大理石

米黄色网纹抛光墙砖

陶瓷锦砖

米色网纹仿大理石砖

水曲柳饰面板

白色亚光墙砖

玻璃锦砖